GUÍA DE ASTRONOMÍA PARA PRINCIPIANTES.

Guía Rápida sobre las estrellas y el universo con ejercicios prácticos para principiantes de astronomía.

By

Rafael Arturo Herrera Suárez

INTRODUCCIÓN

Asumiendo que no tenemos conocimiento previo, como viajero celestial obtendremos una visión general paso a paso de este rincón de nuestro asombroso cosmos, a través de los ojos de espectro completo de nuestra actual era dorada de astronomía, como lo demuestra la primera imagen de 2019 de un agujero negro y la imagen del Hubble de un cuarto de millón de galaxias en cada etapa de la evolución, hasta 500 millones de años después del Big Bang.

Realizaremos un gran recorrido, comenzando desde nuestra estrella favorita, pasando por los asteroides y planetas, explorados por muchas grandes misiones, como Cassini-Huygens, que componen, posiblemente, un sistema solar único y nos llevan al borde de nuestro universo isleño: la Vía Láctea, que abarca todo tipo de maravillas cósmicas en el camino.

Consideraremos la probabilidad de encontrar vida más allá de la Tierra, tanto en nuestro propio sistema planetario como entre el actual torrente de descubrimientos de exoplanetas, que actualmente se encuentra en torno a 4.000 exoplanetas.

El viaje continuará hacia el vecindario estelar más amplio, participando en vistas que incluyen el suave nacimiento de las estrellas hasta su desaparición cataclísmica, posiblemente como supernovas, dejando atrás hermosos restos que se expanden suavemente, como el Cangrejo, en un reciclaje interminable de material.

Sin embargo, sin tal violencia no podríamos estar aquí para presenciarlo. Quizás nos guiaremos por los rayos de luz proporcionados por los faros del universo, los púlsares súper densos, generados por sus vertiginosas rotaciones.

Sin duda, presenciaremos el más violento de todos los eventos, el grito de nacimiento de los agujeros negros, tal como lo detectan sutilmente, ahora casi semanalmente, los detectores de ondas gravitacionales. Y, gracias a misiones como Gaia, ahora observamos que nuestra galaxia crece y evoluciona a medida que canibaliza galaxias más pequeñas, de una manera inquietantemente similar a la del monstruo que yace en su corazón, un agujero negro supermasivo.

ÍNDICE

CAPÍTULO I

¿QUÉ ES LA ASTRONOMÍA?

Se conoce como astronomía a la ciencia que se dedica al estudio de los cuerpos celestes que pueblan el cosmos: las estrellas, los planetas, los satélites, cometas, meteoritos, galaxias y toda la materia interestelar, así como sus interacciones y movimientos. Es una ciencia sumamente antigua, dado que el firmamento y sus misterios constituyeron una de las primeras incógnitas que el ser humano se formulase, dándoles en muchos casos respuestas mitológicas o religiosas. También es una de las pocas ciencias que en la actualidad permite la participación de sus aficionados.

Además, la astronomía no sólo ha existido como una ciencia independiente, sino que ha acompañado a otras áreas del saber y otras disciplinas, como la navegación -sobre todo en ausencia de mapas y brújulas- y más recientemente la física, para cuya comprensión de las leyes fundamentales del universo, la observación del comportamiento del cosmos resulta ser de enorme e inigualable valía.

Gracias a la astronomía la humanidad ha logrado algunos de sus mayores hitos científicos y técnicos de las eras recientes, como los viajes ínter espaciales, el posicionamiento de la Tierra dentro de la galaxia, o la observación detallada de las atmósferas y superficies de los planetas del Sistema Solar.

CAPÍTULO II

¿QUÉ SON LAS ESTRELLAS? TIPOS

¿Qué son las estrellas?
Llamamos estrellas a un tipo de astro celeste muy numeroso en el Universo observable. Consiste en una esfera luminosa de plasma que conserva su propia forma debido a la fuerza de gravedad que ella misma genera.

La estrella más conocida es el Sol, a la cual debemos la luz de todos los días. La humanidad observó las estrellas desde sus inicios tempranos, y quiso ver en ellas mensajes ocultos o señales de sus dioses. De hecho, su organización en el firmamento sirvió para la confección de los primeros calendarios e incluso para la cartografía y navegación.

Desde los antiguos chinos, los griegos helénicos y los astrónomos islámicos medievales, todos supieron que en el registro y la medición de estos lejanos puntitos brillantes radicaba la posibilidad de saber mucho más acerca de cómo está hecho nuestro universo.

Se estima que en el universo observable existen decenas de billones de estrellas, de las que apenas un pequeño porcentaje son captadas por el ojo humano a simple vista.

Origen de las estrellas

Las estrellas se forman a partir de nubes moleculares: regiones poco densas del espacio que consisten principalmente en hidrógeno, helio y otros elementos más pesados. Sobre estas nubes diferentes fuerzas son ejercidas, como la gravedad de sus propios elementos o el choque con otras nubes.

El efecto de esas fuerzas provoca el surgimiento de regiones más densas en su interior, y las hacen colapsar bajo su propia gravedad. Al colapsar se forma un Glóbulo de Bok: una nebulosa oscura de gas, que de continuar densificándose da inicio a la generación de temperatura, formando así un núcleo de protoestrella. Así surgen las estrellas jóvenes, que pueden reconocerse al emitir un chorro de gas sobre su eje de rotación.

Finalmente, cuando alcanzan ciertas condiciones de estabilidad, pasan a su llamada secuencia principal, que consiste en la prolongada fusión de hidrógeno en helio en su interior. Ya entonces pueden ser consideradas estrellas.

Composición de las estrellas

Las estrellas están formadas en su mayor parte por los elementos más simples del universo: hidrógeno (71%) y helio (27%), con un pequeño porcentaje (2%) de elementos más pesados.
Esos elementos pueden variar enormemente, desde el hierro y el nitrógeno, hasta el cromo y las tierras raras, en los casos más peculiares.

En el caso de las estrellas con atmósferas exteriores menos calientes, pueden apreciarse moléculas biatómicas y poliatómicas.
Ciclo de vida de una estrella

Las estrellas tienen un ciclo de vida sumamente prolongado, que toma miles de millones de años cumplir. Este ciclo podemos explicarlo de la siguiente forma:

Formación estelar: Como se ha explicado antes, las estrellas surgen de densificaciones de una nube de gas, que empieza a contraerse por efecto de su propia gravedad hasta forzar el hidrógeno que la compone a fusionarse. Se genera así una reacción en cadena que detiene la contracción, mientras se subproduce helio.

Secuencia principal: La estrella joven entonces empieza a fusionar todo su hidrógeno, acumulando helio en su interior y otros metales más pesados, hasta que su combustible principal, el hidrógeno, se acaba. Esto toma la producción del 90% de su energía disponible.

Secuencia post-principal: Así, se forman las llamadas gigantes rojas, pues sus capas externas se expanden y refrescan, antes de que las fuerzas de gravedad la contraigan sobre sí misma y la fusión de helio tenga inicio, generando nuevas explosiones nucleares y acumulando átomos de carbono producidos mediante el "proceso triple alfa".

Etapa final: Cuando el helio se acaba, comienza la fusión del carbono en el núcleo de la estrella, pudiendo tener varios destinos posibles, dependiendo del tamaño de la estrella:

Si su tamaño es aproximado al de nuestro Sol, empezará a perder sus capas más externas, formando una nebulosa planetaria de elementos pesados, y permaneciendo su núcleo como una enana blanca: una estrella extremadamente densa, que irradiará toda su energía hasta ennegrecer y convertirse en una "enana negra", esto es, una estrella muerta.

Si su tamaño es 40 veces la de nuestro Sol o más, la estrella se convertirá en una nova o supernova, a medida que sus fuerzas internas se hagan inestables y una explosión la despoje de sus capas externas violentamente. Esto dará como resultado una estrella de neutrones, un residuo de su colapso gravitacional extremadamente denso, en un diámetro no superior al de unos pocos kilómetros.

Otro resultado posible es un agujero negro: un objeto astronómico tan denso que posee una gravedad prácticamente infinita, impidiendo que incluso la luz escape de su interior.

Clasificación de las estrellas

Existen diversos criterios para clasificar las estrellas. Por ejemplo:

Según su ciclo de vida: Dependiendo de en qué momento de sus vidas estén, hablaremos de protoestrellas, gigantes rojas, enanas blancas, enanas negras o estrellas de neutrones (o agujeros negros).

Según su luminosidad y temperatura: Según sean de brillantes e intensas, las estrellas pueden ser (de menor a mayor): enanas blancas, subenanas, estrellas enanas (como nuestro Sol), subgigantes, gigantes, gigantes luminosas, supergigantes, supergigantes luminosas o hipergigantes.

Según su luz: Dependiendo del tipo de luz de su espectro, podemos hablar de estrellas tipo O (violeta), tipo B (azules), tipo A (blanquiazules), tipo F (blanco-amarillentas), tipo G (amarillas, como el Sol), tipo K (amarillo-anaranjadas), tipo M (rojas-anaranjadas).

TIPOS DE ESTRELLA

Los tipos de estrella se pueden dividir en varios grandes grupos:

- Las estrellas de la secuencia principal.
- Las estrellas evolucionadas de la secuencia principal.
- Los remanentes de estrellas.

Las estrellas de la secuencia principal: Son aquellas que están en proceso de quemar hidrógeno en su núcleo para transformarlo en helio, dicho proceso abarca aproximadamente el 90% de la vida de la estrella.

Las estrellas evolucionadas: Son aquellas que han dejado de fusionar Hidrógeno en su núcleo y empiezan a fusionar otros elementos como Helio, Carbono, Silicio, se les denomina elementos pesados con independencia de su posición en la tabla periódica.

Los remanentes estelares: Son los objetos estelares que quedan después que una estrella pase por las dos fases anteriores, no son estrellas propiamente dichas porque no tienen las reacciones nucleares necesarias en el núcleo para liberar energía, se las suele denominar como “cadáveres” estelares.

Estrellas de la secuencia principal
Gigantes Azules.
Se denomina gigante azul a las estrellas de clase espectral tipo O ó B y clase de luminosidad III. Se trata de estrellas muy luminosas que alcanzan unas magnitudes absolutas de -5 ó -6, poseen una alta temperatura de superficie entre 28.000 y 50.000 ° Kelvin, la temperatura del núcleo es de unos 600 millones de grados Kelvin, emiten la mayor parte de su radiación en la región del ultravioleta del espectro electromagnético y brillan con una color blanco-azulado.

La vida de estas estrellas es muy corta de decenas a cientos de millones de años, cuanto más masiva es una estrella más rápido desaparece, suelen formar en parte de cúmulos abiertos jóvenes acabando su vida como supernovas.

Estrellas Blancas de secuencia principal
Denominadas también estrellas de tipo-A de la secuencia principal o enana blanca tipo-A. Se trata de estrellas de tipo espectral A y clase de luminosidad V. El espectro de estas estrellas está definido por fuertes líneas de absorción del hidrógeno de Balmer, así como líneas de metales ionizados, la masa de estas estrellas varia de 1,4 a 2,5 Msol, la masa del Sol, y las temperaturas de superficie de 7.600 a 11.500 º Kelvin. Se trata de estrellas jóvenes de unos cientos de millones de años de vida que emiten abundante radiación infrarroja, recientemente se han encontrado júpiteres calientes orbitando estas estrellas. No confundir estas estrellas con las estrellas enanas blancas que son remanentes estelares.

Estrellas Amarillas de la secuencia principal
Estrellas amarillas de la secuencia principal también denominadas estrella de tipo-G de la secuencia principal o enana amarilla o estrella enana-G. Se tratan de estrellas de tipo espectral G y luminosidad V, poseen una masa que oscila de entre 0,8 a 1,2 masas solares y tienen una temperatura de superficie de entre 5.300 y 6.000 º Kelvin.

La denominación de enana amarilla es una denominación que puede llevar a confusión ya que las más luminosas son blancas y las menos masivas y frías ligeramente amarillas. Nuestro Sol es una estrella G2V con color blanco ya que se ve amarilla por nuestra atmósfera. Estas estrellas tienen una vida de 10.000 millones de años, terminan su vida como gigantes rojas expulsando sus capas exteriores formando una nebulosa planetaria dejando una enana blanca de remanente.

Estrellas Naranjas de la secuencia principal.
Estrella de tipo-K de la secuencia principal o enana de tipo K, son de tipo espectral K y luminosidad V. Tienen masas comprendidas entre 0,5 y 0,8 masas solares y una temperatura de superficie entre 3.900 y 5.200 º Kelvin. Estas estrellas duran en la secuencia principal entre 15.000 y 30.000 millones de años y emiten menos radiación ultravioleta que las enanas amarillas, todo esto las hace perfectas candidatas para albergar planetas rocosos en sus órbitas y para que la vida se desarrolle en ellos.

Enanas Rojas de la secuencia principal.
Las enanas rojas son las estrellas más pequeñas y frías de la secuencia principal; son de tipo espectral K-M. La masa de estas estrellas oscila entre 0,08 a 0,5 masas solares, poseen una temperatura de superficie de 4.000 º Kelvin. Esta clase de estrella es la más abundante en la Vía Láctea o por lo menos en la vecindad de nuestro Sol. Son estrellas totalmente convectivas lo que produce una falta de acumulación de helio en su núcleo de tal manera que pueden quemar una proporción más grande de hidrógeno durante más tiempo que nuestro Sol.

Se calcula que la vida de una estrella de este tipo puede durar entre 200.000 millones a varios billones de años, son más longevas que la edad del universo. Las estrellas con menos de 0,8 masas solares no han abandonado todavía la secuencia principal por lo que su posterior evolución es una incógnita, se simula con modelos matemáticos. Debido a su bajo brillo son difícilmente observables y buenas candidatas por tener sistemas planetarios propios. El sistema estelar Trappist-1 ha sido recientemente descubierto con una estrella enana roja y siete planetas que orbitan dicha estrella.

Objetos subestelares

Enanas Marrones

Las enanas marrones son objetos subestelares no lo suficientemente masivos para mantener durante el tiempo reacciones nucleares de fusión de hidrógeno en su núcleo, por lo tanto no son estrellas de la secuencia principal.

Su masa es inferior a 0,08 masas solares, se utiliza la masa de Júpiter para calcular la masa de estos objetos subestelares. Se cree que la temperatura de superficie de una enana marrón varia de 800 a 2.000º Kelvin. Dependiendo de la masa del objeto pueden fusionar deuterio, litio o tritio porque debido a su baja masa no pueden sostener las fusiones en el núcleo enfriándose paulatinamente. Se dice de las enanas marrones que son estrellas fallidas, no son estrellas propiamente dichas pero tampoco son gigantes gaseosos. Existe un debate sobre como catalogar y donde colocar este tipo de objetos estelares ya que ni son planetas ni son estrellas.

Estrellas evolucionadas de la secuencia principal
Hipergigantes
Una estrella hipergigante es una estrella excepcionalmente grande y masiva, mucho más grande que una supergigante. La masa de una estrella de este tipo puede ser de hasta 100 veces mayor que la de nuestro Sol. Se ha calculado que puede alcanzar el límite teórico de 120 Msol, el límite de Eddington.

Más allá de este límite, la estrella produciría tanta energía que la fuerza de la gravedad no podría aguantar semejante masa desprendiéndose de la masa sobrante. Tienen una temperatura de superficie entre 3.500 y 35.000 º Kelvin. Las estrellas variables azules luminosas o Wolf-Rayet son las más masivas, grandes y luminosas que se conocen. Se catalogan como hipergigantes. Pueden tener un color azul, blanco, amarillo o rojo dependiendo de la temperatura de superficie, son objetos estelares muy desconocidos porque son extremadamente raros.

Supergigantes

Las estrellas supergigantes son estrellas de una masa comprendida entre las 10 y 50 Msol y de enormes dimensiones. La clase de luminosidad es Ia para las más luminosas o Ib para las menos luminosas, las extremadamente luminosas se clasifican como hipergigantes, la clase espectral puede variar desde la O hasta la K-M.

Supergigante roja
Estrellas supergigantes de luminosidad I y clase espectral K o M, se trata de las estrellas más grandes en términos de volumen, aunque poco densas y frías. La masa de estos astros es de 10 Msol y una temperatura de superficie de entre 3.000 y 4.000 º Kelvin, la temperatura del núcleo es de unas decenas de millones de grados Kelvin ya que fusionan carbono. Las supergigantes rojas provienen de la evolución de gigantes azules pudiendo pasar por la fase de Variable Luminosa Azul y acabando como supernovas y dejando como remanente una estrella de neutrones o un agujero negro.
Supergigante azul

Las supergigantes azules son estrellas muy luminosas y calientes conocidas como supergigantes OB, se trata de estrellas evolucionadas de la secuencia principal. Tienen temperaturas superficiales de 10.000 a 50.000 º Kelvin y una luminosidad I.

Estas estrellas evolucionan de estrellas de entre 10 a 100 Msol perdiendo gran cantidad de masa durante este proceso y pudiendo evolucionar como estrellas Wolf-Rayet o supergigantes rojas. Debido a su gran masa los procesos de fusión nuclear se producen muy rápidamente siendo unas estrellas de vida corta, acaban su vida como supernova dejando como remanente una estrella de neutrones o un agujero negro.

Supergigante amarilla

Desde un punto de vista de evolución estelar la supergigante amarilla es un estado intermedio de una estrella que evoluciona de una supergigante azul a una supergigante roja. Poseen una luminosidad Ia-Ib y tipo espectral A, F o G. Son objetos estelares bastante desconocidos porque son tremendamente escasos para su estudio.

Gigante roja

La estrella gigante roja es una etapa de la evolución estelar de estrellas con una masa de 0,5 a 9 Msol que dejan de quemar hidrógeno en el núcleo para quemar hidrógeno en capa con un núcleo de helio inerte.

Son estrellas que se hinchan hasta alcanzar un radio de 100 millones de kilómetros y poseen una luminosidad III y son más frías que las estrellas de la secuencia principal de la que evolucionan. Dicha etapa concluye cuando el núcleo se activa fusionando el helio entrado en la etapa de apelotonamiento rojo o rama horizontal dependiendo de la metalicidad de la estrella.

Gigante naranja

La gigante naranja o gigante de tipo K es una estrella gigante de tipo espectral K y luminosidad III. Tiene una temperatura de superficie de entre 3.500 y 4.800 º Kelvin.

Estrellas de Carbono

Una estrella de carbono es una estrella tardía como las gigantes rojas cuya atmósfera posee más carbono que oxígeno.

Subgigantes rojas

Las subgigantes rojas son la etapa intermedia de la evolución de estrellas blancas o amarillas de la secuencia principal a gigantes rojas.

Estrellas Wolf-Rayet

Las estrellas Wolf-Rayet o WR son estrellas masivas evolucionadas que sufren grandes pérdidas de masa debido a vientos interestelares. Provienen de las estrellas más masivas de tipo espectral O. Poseen una masa de entre 20 y 30 Msol, temperaturas de superficie entre 25.000 y 50.000 grados Kelvin, son tremendamente luminosas y muy azules. Acaban colapsando como estrellas de neutrones o agujeros negros.

Remanentes estelares

Enanas blancas.

Una estrella enana blanca es un remanente estelar que se genera cuando una estrella de 0,5 a 9 masas solares consume todo el combustible que le queda. Las enanas blancas junto con las enanas rojas son las estrellas más abundantes del Universo.

El núcleo de la enana blanca está formado por carbono, oxígeno y en las más masivas se han encontrado trazas de neón, silicio, magnesio. El núcleo de una enana blanca es un núcleo inerte donde no se producen reacciones nucleares, debido a esta falta de reacciones nucleares la estrella blanca se va comprimiendo por su propio peso y se va haciendo más densa.

Debido a estas densidades, los electrones se ven obligados a mo verse muy rápidamente produciendo lo que se denomina presión de degeneración electrónica que es lo que se opone al colapso gravitatorio. Cuando las enanas blancas se forman tiene una temperatura de núcleo de entre 100 y 200 millones de grados, las enanas blancas sólo emiten la energía térmica almacenada durante todo el proceso de formación y por ello tienen luminosidades muy débiles: primeramente, se enfrían muy rápido para luego ir perdiendo calor paulatinamente.

Dependiendo de varios procesos pueden acabar como enanas negras, estrellas de neutrones o agujeros negros pero todo esto desde el plano teórico ya que para que una enana blanca se enfríe tiene que pasar eones de tiempo.

Estrella de neutrones.
Una estrella de neutrones es un remanente estelar resultante del colapso gravitacional de una estrella supergigante masiva después de agotar el combustible nuclear en su núcleo y explotar como una supernova tipo II, Ib o Ic. Cualquier estrella de más de 9 Msol se puede convertir en una estrella de neutrones. Las estrellas de neutrones tienen una masa media de entre 1,35 y 2,1 Msol con un radio medio de entre 12 a 20 kilómetros, se trata de estrellas tremendamente densas.

Existe otra clase de estrella de neutrones denominada magnetar o magnetoestrella. Se trata de estrellas de neutrones acompañadas de un campo magnético extremadamente potente, también se han encontrado magnetares que tienen una velocidad de giro relativamente lenta y genera ocasionalmente grandes explosiones de rayos X sólo detectables por telescopios espaciales diseñados a tal efecto como el Telescopio Espacial de Rayos X C de la NASA o el Telescopio Espacial XMM-Newton de la ESA.

Estos últimos efectos en estos magnetares se creen que se producen porque se trata de estrellas de neutrones muy viejas de aproximadamente 500.000 años de antigüedad. Se sospecha que a medida que pasa el tiempo, los magnetares se debilitan.

Púlsares.
Los Púlsares son estrellas de neutrones de rotación rápida, altamente magnetizadas, nacidas en explosiones de supernova provocadas por el colapso de estrellas masivas que fueron descubiertas hace 50 años a través de su emisión de radio pulsada y altamente regular. Los púlsares producen un haz de radiación similar a un faro que los astrónomos detectan como pulsos cuando la rotación del púlsar barre el haz a través del cielo. Los púlsares pueden girar sobre sí mismos hasta varios cientos de veces por segundo.

Desde su descubrimiento, miles de púlsares han sido encontrados, muchos de los cuales producen haces de ondas de radio y rayos gamma. Algunos púlsares muestran sólo pulsos de radio y otros muestran sólo pulsos de rayos gamma. Las observaciones de estos púlsares han revelado una emisión constante de rayos X de nubes extensas de partículas de alta energía, llamadas nebulosas de viento púlsar, asociadas con ambos tipos de púlsares. Los nuevos datos sobre las nebulosas del viento púlsar pueden explicar la presencia o ausencia de pulsos de radio y rayos gamma.

Agujero negro de masa estelar.
Un agujero negro estelar es un agujero negro formado por el colapso gravitatorio de una estrella masiva de 30 a 70 veces la masa del Sol al final de su tiempo de vida. El proceso puede ser observable como una explosión de supernova o de rayos gamma. Cuando una estrella excede un límite crítico de masa, el colapso gravitatorio no se detiene jamás, produciéndose un agujero negro.

Cuando un agujero negro absorbe materia de su alrededor o de una estrella compañera se puede formar un disco de acreción a su alrededor con un brote de rayos gamma. A parte de los agujeros negros estelares, existen otro tipo de agujeros negros como los agujeros negros de masa intermedia situados en cúmulos globulares y los agujeros negros supermasivos situados en el centro de galaxias como nuestra Vía Láctea.

Cúmulos de estrellas.
Las estrellas suelen acumularse en el espacio en galaxias, junto con gas estelar y el polvo, así como los planetas que se formen a su alrededor.

Se forman sistemas estelares atraídos unos a otros gravitacionalmente, mediante la interacción de dos, tres o más estrellas. Si se trata de un número muy superior de las mismas, hablaremos de un clúster estelar, con cientos de miles de estrellas.

Por otro lado, las estrellas aisladas, como nuestro Sol, viajan en solitario (excepto por sus sistemas planetarios respectivos), orbitando el centro de alguna galaxia en donde algún objeto masivo ejerce el rol de centro gravitacional.

Masa de las estrellas.
La masa de las estrellas es muy variable, pudiendo ser más o menos del tamaño de nuestro sol, o superarlo con creces, como hace la estrella más masiva conocida: Eta Carinae de la constelación de la Quilla, con 100-150 veces el tamaño de nuestro Sol.

Edad de las estrellas.
La mayoría de las estrellas oscilan entre los mil millones y los 11 millones de años de antigüedad. La más antigua descubierta hasta el momento, HD 140283 o Methuselah ("Matusalén"), posee una edad cercana a la que se estima para el universo: unos 13.800 millones de años.

Debe considerarse que mientras mayor es el tamaño de una estrella, menor es su vida útil, pues consumen su hidrógeno mucho más velozmente.

Diámetro de las estrellas.
Aunque desde la superficie de la Tierra, dada su lejanía, las estrellas parecen todas ser puntos redondos brillantes, las estrellas pueden tener diámetros muy distintos e incluso muy superiores al de nuestro Astro Rey.

El Sol está lo suficientemente cerca como para que observemos su forma de disco, cuyo diámetro es de 1,391016 millones de kilómetros. El Sol es enorme comparado con la Tierra, de 12.742 km, pero ínfimo en comparación con Betelgeuse, la estrella supergigante de la constelación de Orión, cuyo diámetro es 1070 veces mayor al Sol.

Rotación de las estrellas.
Las estrellas giran en torno a su eje, a una velocidad variable dependiendo de su edad y de la influencia de otros centros cercanos de gravedad.

Las estrellas más jóvenes pueden rotar a una velocidad de 100 kilómetros por segundo o más en su región ecuatorial, mientras que nuestro Sol da una vuelta sobre su eje cada 25-35 días terrestres.

Este fenómeno es muy importante en el caso de las estrellas "púlsar", que emiten ondas de radio a un intervalo constante, marcado por la velocidad de rotación de la estrella.

Observación de las estrellas.
Desde épocas ancestrales, el ser humano ha observado las estrellas con una mezcla de fascinación y misterio. En el campo interminable de sus luces brillantes ha querido ver figuras, señales y mensajes provenientes de sus dioses, o claves respecto al futuro.

De allí que se inventara el zodiaco, la rueda celestial en que doce constelaciones representan figuras clave del imaginario grecorromano, cuya configuración al momento del nacimiento configurarían la personalidad y el destino de la gente.
La observación de las estrellas fue clave en el desarrollo de muchas ciencias y técnicas, como la navegación marítima, la medición terrestre o, en las edades modernas, la física astronómica.

CAPÍTULO III

¿QUÉ SON LAS CONSTELACIONES?

Son grupos de estrellas visibles desde la Tierra, que forman patrones imaginarios según la perspectiva humana. La Unión Astronómica Internacional, define a las constelaciones por sus límites o bordes y no por patrones o formas, así que pueden identificarse por medio de coordenadas en el cielo y no simplemente por tener una forma distintiva.

Por ejemplo, suele llamarse "constelación" a El carro o Cazo, grupo de 7 estrellas que parece tener la forma de dichos objetos, pero que en realidad forma parte de la constelación Osa Mayor. Estos conjuntos de estrellas, fácilmente identificables al tener una forma similar a la de objetos, animales, etcétera, se denominan asterismos y son parte de constelaciones.

Para recapitular: La bóveda celeste, una esfera imaginaria alrededor de la Tierra, está "partida" en varios segmentos que conforman las constelaciones, las cuales contienen cúmulos de estrellas y que en una imagen pueden parecer el mapa de un país. Todos los cuerpos celestes pertenecen a una constelación que puede recibir distintos nombres según una cultura o región, pero a principios del siglo XX se definió un número concreto para evitar confusiones y complicaciones posibles debido al creciente descubrimiento de astros.

A simple vista es posible creer que las estrellas de una misma constelación están muy cerca unas de otras, pero esto no es siempre así. El universo, según la ciencia, está conformado por 3 dimensiones de espacio y de tiempo; las estrellas varían en tamaño, forma y distancia a la Tierra. Los seres humanos las ven desde un mismo plano, así que parece que están muy cerca pero en realidad pueden estar sumamente lejanas del mundo y entre sí.

Breve historia de las constelaciones

Los primeros hombres se dieron cuenta de que las estrellas podían servirles para orientarse y obtener cálculos sencillos con los cuales resolver problemas cotidianos relativos principalmente a la agricultura. En las cuevas de Lascaux, ubicadas al sur de Francia, se han encontrado figuras pintadas que parecen corresponder a marcas astronómicas de más de 17,000 años.

Los antiguos griegos tienen el honor de haber delineado y descrito famosas constelaciones que sentaron el precedente de las actuales. Pero también los romanos y las culturas de Oriente Medio y China identificaron conjuntos de estrellas con formas diversas a las que nombraron como los seres de su mitología: animales, dioses, objetos y más.

Para estas culturas antiguas, la importancia de las constelaciones pudo ser, además de guía, ceremonial o religioso. Lo curioso es que algunas sólo son visibles durante cierta época del año debido a la órbita de la Tierra alrededor del Sol y esto probablemente sirvió para ayudar a los hombres a recordar algunos asuntos. Algunos expertos sugieren que la mitología relacionada con ciertas constelaciones fue creada por agricultores para que les recordara el tiempo de, por ejemplo, comenzar a sembrar o a cosechar.
Entre los siglos XVI y XVII los cartógrafos y astrónomos de Europa se dieron a la tarea de agregar nuevas constelaciones, lo que siguió sucediendo durante los años siguientes. Llegó un punto en el que era complicado contabilizarlas y la Unión Astronómica Internacional tomó la decisión de definir en 1922 una lista de 88 constelaciones con límites concretos.

Constelaciones actuales
La mayoría de las 88 constelaciones registradas conservan sus nombres mitológicos, pero es importante saber que, eviden-

temente, muchas de las anteriormente conocidas ya no están oficialmente reconocidas. En total, los nombres corresponden a 17 personajes mitológicos, 29 objetos y 42 animales, de origen antiguo o moderno. Entre ellas, se encuentran Andrómeda, Aquila, Auriga, Camelopardalis, Cáncer, Capricornus, Cassiopeia, Centaurus, Columba, Coma Berenices, Corvus, Cygnus, Delphinus, Gemini, Leo, Libra, Pegasus, Serpens, Taurus, Ursa Maior y Virgo.

CONSTELACIONES MÁS IMPORTANTES

Al contemplar el firmamento podemos observar numerosas estrellas, pero ¿sabes cuáles son las constelaciones más importantes de nuestra galaxia y el universo? Prepárate a conocerlas.

Las constelaciones representan el lugar donde se agrupan un conjunto de estrellas que por medio de un trazo imaginario toman la forma de alguna figura que puede ir desde un animal hasta la figura de un guerrero o cazador.

Existen numerosas constelaciones en nuestra Vía Láctea según la Unión Astronómica Internacional. Se han contabilizado 88 constelaciones.

Las constelaciones más importantes se destacan por su belleza y magnitud, además de la utilidad que han tenido para muchos navegantes conocer su destino a lo largo de la historia. Una leyenda muy popular es la de tres reyes magos que siguieron una estrella desde el Oriente para llegar hasta un niño que sería el Mesías.

En épocas de invierno que van desde los meses de noviembre a febrero, se contemplan sin ningún instrumento astronómico mucho más las constelaciones en nuestro cielo. Las constelaciones más importantes son: La constelación de Orión, Osa Mayor, Osa Menor, Tauro, Leo, Escorpio, Canis Maior, Caisopea, El Boyero y Cruz del Sur.

En las constelaciones, sobre todo en las más importantes, se encierran numerosos mitos y leyendas. Los antiguos civilizadores las descubrieron y les otorgaron a muchas los nombres que hoy en día utilizamos.

Cabe destacar que estos antiguos ancestros no disponían de un telescopio que les permitiera visualizar a las constelaciones más importantes y sin embargo conocieron sus movimientos, elaboraron calendarios, las adoraron como a dioses y las utilizaron para guiarse cuando viajaban de un lugar a otro, las utilizaban como brújulas que le indicaban los puntos cardinales de nuestro planeta Tierra.

OSA MAYOR

La Osa Mayor o Ursa Maior se ubica al norte, estuvo presente en muchos mitos en diferentes civilizaciones quienes le aportaron diferentes nombres. Los indígenas de Norteamérica también la visualizaron como una osa que era seguida por tres pequeños cachorros llamados Alioth, Mizar y Alkaid. A esta constelación la conocen también como El Carro.

OSA MENOR

La Osa Menor o Ursa Minor sólo podrás verla si estas en el hemisferio norte. Posee una de las estrellas más famosas: la estrella Polar con la cual te direccionas si vas al Polo Norte. En la Edad Media se utilizaban como guía para navegar hacia el norte a las estrellas Kochab y Pherkad que se encontraban a un extremo de la Osa Menor.

CONSTELACIÓN DE ORIÓN

Sobre la constelación de Orión existen múltiples mitos o leyendas de un cazador o guerrero gigante que fue llevado al cielo para conmemorar sus logros como cazador. Se cree que era el acosador de las Pléyades y se fue al cielo para seguir persiguiéndolas.

Esta constelación puede ser admirada desde cualquier hemisferio del planeta Tierra, es decir, desde cualquier parte del mundo en que te encuentres puedes localizarla en el firmamento sin necesidad de utilizar ningún instrumento astronómico. Las estrellas más brillantes debido a su magnitud son: las estrellas Betelgeuse y la estrella Rigel que son unas supergigantes.

Las estrellas más conocidas de esta constelación se ubican en el cinturón de Orión y son conocidas también como las Tres Marías y los Tres Reyes Magos.

CANIS MAYOR
La constelación del Can Mayor o Canis Maior está representada por el perro del cazador del Orión, su estrella más importante es Sirio considerada la estrella más brillante de todo el firmamento. Cuando salía, los egipcios pronosticaban las inundaciones que causaba el Río Nilo, en cambio para algunas civilizaciones del Sur, anunciaba el inicio del invierno.

CONSTELACIÓN DE TAURUS
Esta constelación de Taurus o Tauro es simbolizada por un animal: el Toro, quien se mantiene en una lucha con el cazador Orión. Dentro de esta constelación se encuentra un grupo de estrellas muy conocido llamado las Pléyades, un conjunto de siete estrellas llamadas también las Siete Hermanas.

Se cree que esta constelación fue conocida por nuestros antepasados desde la era del paleolítico, ya que existen registros en pinturas rupestres de un toro seguido de un conjunto de siete estrellas.

Como las estrellas más luminosas de esta constelación se destacan Aldebarán y Alnath, además de la Nebulosa del Cangrejo.

LA CONSTELACIÓN DE LEO
La constelación de Leo es representada con la figura de un animal, el León, en la mitología griega es León de Nemea, quien se cree mató a Hércules.
Era utilizada por las antiguas civilizaciones para determinar el inicio del verano, debido a que comenzaba el calor. Las estrellas más brillantes de esta constelación del León son Regulo, llamada también el corazón del león, Agieba y Denebola.

CONSTELACIÓN ESCORPIO
La constelación de Escorpio es representada con la figura de un

escorpión, animal que según la mitología picó a Orión ocasionándole la muerte al gigante. Esta constelación cuando se presenta en el cielo hace que desaparezca la constelación de Orión. Con ella se da inicio al Otoño.

La estrella que se destaca en esta constelación es conocida como Antares, considerada el corazón del escorpión.

CASIOPEA
Esta constelación adopta la forma de las letras del abecedario M o W dependiendo el hemisferio donde se visualice. Es una constelación cincumpolar con la cual te puedes dirigir hacia el norte. En caso de no estar la constelación de la Osa Mayor, es otro punto de referencia.

CRUZ DEL SUR
La constelación de la Cruz del Sur es la más pequeña de las constelaciones, con ella puedes guiarte si vas al polo Sur. En muchas creencias se estima que esta fue la estrella de Belén que siguieron los Tres Reyes Magos.

EL BOYERO
Esta constelación posee la estrella Arturo, que es una de las estrellas más brillantes y sirve como orientación si queremos seguir a la Osa Mayor. Esta constelación está relacionada con las estaciones de la primavera y del verano.

CAPÍTULO IV

¿CUÁLES ESTRELLAS Y PLANETAS PODEMOS VER DESDE LA TIERRA?

Estrellas y planetas se mezclan de noche en un fondo negro y muchas veces los confundimos unos con otros. ¿Cuál es el truco para diferenciarlos?

Hay muchas noches de invierno en las que no hay nubes. Más de las que imaginamos, esto nos permite disfrutar de un cielo muy estrellado. Si tenemos la suerte de que la Luna se encuentra en fase de luna nueva, la calidad del cielo puede ser incluso mejor que la del verano. El viento que suele hacer y la poca distorsión debida al calor son los causantes.

A los que nos gusta disfrutar de las estrellas en cualquier época del año sabemos que el cielo esconde una gran cantidad de objetos brillantes y los más comunes son las estrellas. Pero entre las estrellas también están los planetas, que suelen pasar desapercibidos para la mayoría. Sin llegar a ser un experto, ¿cómo podríamos diferenciarlos?

Planetas que se ven a simple vista

Mercurio, Venus, Marte, Júpiter y Saturno son los únicos planetas que podemos ver a simple vista. Su movimiento no es tan fácil de predecir como el de las constelaciones, así que vamos a analizar algunos trucos para poder encontrarlos.

La clave está en analizar el brillo ya que todas las estrellas titilan por la noche. Es una especie de parpadeo que se produce debido a la distorsión atmosférica, algo que no hacen los planetas. Tienen una superficie de brillo más grande y su luz nos llega de una forma prácticamente continua sin titilar.

Si aun así no estamos seguros de si un punto luminoso es un planeta o no lo es, hay más pistas: otra es el color. Júpiter y Marte presentan un tono más anaranjado que el resto de las estrellas.

Luego está la intensidad del brillo. Venus aparece en el cielo como si fuera una estrella descomunalmente brillante. También nos puede ayudar si observamos la posición en el cielo. Mercurio está siempre muy pegado al sol. Además, los planetas están, más o menos, sobre la misma línea imaginaria en el cielo. Es la famosa eclíptica. Y si conocemos mejor el cielo, observar un punto nuevo en medio de una constelación conocida nos hará pensar que se trata de un planeta.

Breve guía astronómica para saber cómo observar el cielo
Aunque hay científicos especializados en la observación del universo, no hace falta ser un experto astrónomo para salir a mirar las estrellas y aprender qué estamos viendo.

Muchos mitos se crearon entre las estrellas, que después sirvieron para navegar en el mar sin perderse. Hoy en día el cosmos es fascinante para los científicos y las agencias espaciales que envían misiones para buscar respuestas al origen del universo y de la vida. Pero también fascina a aquellos que no son astrofísicos y en casi todas las provincias hay asociaciones astronómicas en las que se enseña a mirar el cielo de forma práctica.

Sin embargo, los principiantes también pueden animarse a salir a buscar constelaciones, planetas y estrellas fugaces sin la necesidad de un astrónomo al lado, pero ¿por dónde empezar? ¿Hace falta un telescopio? ¿Con Luna o sin ella? ¿Playa o montaña? Todas estas preguntas han llevado a realizar esta breve guía para principiantes, con el objetivo de saber cómo observar las estrellas y no muera en el intento.

¿Por dónde comenzar?

NOTA: El cielo va cambiando cada día aunque no lo percibamos, así que orientarse es un poco difícil si no se tiene un mapa celeste de la misma noche en la que se pretende observar los astros. Puede parecer difícil dar con ellos o entenderlos, pero no lo es ya que hay aplicaciones, programas gratuitos y los conocidos planisferios.

Entre las apps y programas gratuitos están Sky Maps y Stellarium, aunque este último es de pago para el móvil. Por otra parte, está Heavens Above, una página web muy completa que incluye los planetas que habrá en el cielo, la trayectoria de satélites e, incluso, de la Estación Espacial Internacional (ISS), también sin tener que pagar para usarla.

Otra opción es el uso de planisferios que son mapas celestes que se pueden mover y poner la fecha y hora en la que se va a mirar el cielo para saber qué podemos ver esa noche. Es posible comprar en las tiendas de los planetarios, museos o incluso en librerías. Además, son de bajo costo.

Contaminación lumínica

NOTA: Cualquier momento del año es bueno para salir a mirar las estrellas. Por ejemplo, en invierno hace más frío, pero el cielo es precioso, mientras que el verano acompaña el buen tiempo, dicen los expertos. Sin embargo, lo más importante no es cuándo sino dónde. Las ciudades, incluso las pequeñas, proyectan luz durante la noche. Esto impide que los astrónomos puedan observar el cielo debido a la gran cantidad de luz. Existe un creciente fenómeno de contaminación lumínica. Por ejemplo, en Madrid, algunos astrónomos pueden llegar a alejarse hasta 200 kilómetros para poder ver las estrellas.

Lo mejor es buscar lugares oscuros como la montaña, desde donde se puede mirar de forma más nítida el cielo. No obstante, la playa también es un buen lugar para ir a observar el cielo ya que lo bueno de la costa es que en la dirección del mar no hay luz porque no hay ciudades y se puede ver perfectamente el firmamento desde ahí. En las montañas, cuando más alto estás, menos contaminación y nubes hay. El lugar es, por tanto, cuestión de gustos. Eso sí, siempre alejados de la ciudad por la gran cantidad de luz que se proyecta hacia el cielo.

¿Hace falta el telescopio?
NOTA: Lo mejor para empezar a mirar al cielo es el ojo.
No es necesario. Pero esto siempre que no se haga en plena ciudad ya que la contaminación lumínica dificulta ver las estrellas. La mayor parte de la afición en la astronomía se puede experimentar sin la necesidad de un telescopio, que es un instrumento costoso. Mirar al cielo y con unas nociones, un planisferio o alguna aplicación, se puede descubrir los objetos existentes.

Si uno quiere ir un poco más allá, también puede utilizar unos prismáticos. Por ejemplo, para la Luna van muy bien, también para ver algunos planetas. A lo largo de la noche se pueden ver perfectamente las lunas de Júpiter con unos prismáticos.

Después están, evidentemente, los telescopios, que son sistemas que te permiten recoger más luz y usar objetivos para poder ver con mayor aumento, incluso, cómo son las bandas de nubes o ver detalles, como los cráteres y las cordilleras de la Luna. Sin embargo, los telescopios necesitan "mucho cuidado" y son caros. Se suele recomendar a los que se inician en la astronomía que antes de comprar un telescopio paguen la suscripción de una asociación.

Los telescopios se emplean desde hace un poco más de 400 años. El primero en realizar observaciones astronómicas de forma sistemática fue Galileo. Desde ese momento, el cambio ha sido radical hasta llegar a los grandes telescopios terrestres, pero también los espaciales como el Hubble.

¿Con o sin Luna?
Depende, aunque en general la Luna no dificulta tanto la observación del cielo, pero para observar a nuestro satélite, por supuesto,

siempre es necesario que esté presente. No pasa lo mismo con la Vía Láctea, si no hay Luna se ve mejor la Vía Láctea.

Para observar objetos del cielo profundo o un cielo más oscuro, se recomienda una noche sin Luna. También se puede observar cuando la Luna está en cuarto creciente porque podemos ver el satélite al comienzo de la noche y, luego, a medianoche se pone y ya se puede mirar el resto de los objetos.

Reconocer los planetas
Los objetos que parpadean son estrellas, mientras que los planetas son puntos fijos. Los planetas en el cielo se reconocen de forma fácil: cuando observas el cielo ves objetos que son más brillantes, parpadean y otros que no, estos últimos son los planetas. Es decir, las estrellas parpadean y los planetas son puntos fijos. Además, cada uno tiene colores característicos: Por ejemplo, Venus es más blanco-amarillo, Marte es rojizo y Saturno es más naranja. Son rápidas de reconocer en el cielo, aunque con un programa, app o un planisferio siempre será más fácil.

Otros consejos
Abrigarse bien e ir en compañía son dos de los consejos a tomar por cualquiera que quiera comenzar en el mundo de la astronomía amateur. Incluso en verano, el uso del abrigo es esencial, también en sitios de playa, porque de estar quieto mirando el cielo te quedas frío.

Además, la astronomía es una buena actividad que se comparte muy bien y se puede hacer con otras personas y pasarlo bien.

Quizás es el momento de animarse a coger la mochila, salir a mirar el cielo con un mapa celeste, empezar a observar y conocer aquello que nos rodea cada día y en lo que apenas nos fijamos.

4 CONSEJOS PARA IDENTIFICAR A SIMPLE VISTA A LOS 5 PLANETAS ALINEADOS EN EL ESPACIO

Los astrónomos de todo el mundo están encantados, los habitantes del planeta Tierra podremos contemplar un espectáculo que pocas veces ocurre: cinco planetas alineados en el cielo.

Desde nuestra perspectiva, las órbitas de Júpiter, Venus, Marte, Saturno y Mercurio se colocarán formando una trayectoria elíptica. Lo más interesante es que cualquier persona puede verlos: no se requiere de sofisticados telescopios ni dispositivos especiales para encontrarlos e identificarlos. Basta contar con un cielo muy despejado y lo suficiente oscuro.

Dónde pararse y hacia dónde mirar

Lo primero que hay que saber es que los planetas pueden verse desde cualquier punto de la Tierra.

Si usted está en el hemisferio norte –en países como Colombia, Venezuela, México, Estados Unidos o Canadá– usted debe mirar al sur. Verás en orden de izquierda a derecha a Mercurio, Venus, Saturno, Marte y Júpiter.

Si estás en el hemisferio sur, tendrás que mirar hacia el norte. Verás los planetas de izquierda a derecha en el orden contrario: Júpiter, Marte, Saturno, Venus y Mercurio.

La mejor hora
Pero este quinteto no se asoma todo al mismo tiempo. Aparece en momentos distintos de la noche. Es por eso que la hora recomendada para verlos juntos es entre las 05:30 y 06:30 de la mañana, antes de que amanezca.

Júpiter se verá alrededor de las 09:20 am; Marte a la 01:10 am; Saturno a las 04:00 am; Venus alrededor de las 05:00 am. Mercurio, que es el más difícil de encontrar, se verá cerca de a las 06:17 de la mañana. Aunque los cinco planetas cambiarán sus posiciones y las distancias entre ellos, se verán en el mismo orden.

Cómo identificarlos
Aunque puede ser que la diferencia sea sutil, mirando con atención la intensidad de su brillo y su color, será también posible identificarlos.

Venus es el más brillante de todos. Júpiter le sigue en brillo. Ambos son todavía visibles cuando el sol comienza a salir y el cielo se va volviendo azul. Marte se verá rojizo y Saturno amarillento y ambos brillan con similar intensidad.
Encontrar a Mercurio será el mayor reto porque es el más pequeño y el que se puede ocultar más fácilmente. Usar binoculares puede ser de gran ayuda para verlo. Un telescopio no es necesario, pero nunca sobra cuando se es aficionado al mundo planetario.

Hay un ejercicio práctico para saber si lo que estás viendo es un planeta o una estrella:

Cierra un ojo. Extiende el brazo y pon tu dedo pulgar hacia arriba. Poco a poco, pásalo de lado a lado sobre el planeta o la estrella que ves en el cielo. Si la luz se atenúa cuando el pulgar pasa por encima de él, es un planeta. Si en cambio, parpadea rápidamente, es una estrella.

El truco funciona mejor con Júpiter y Venus, porque son más brillantes. De todas formas, lo que hay que tener claro a la hora de "salir a cazar" planetas es que estos son los astros más brillantes después del sol y la luna.

Aplicaciones útiles
La tecnología es de gran ayuda cuando se trata de entender qué es lo que está sobre nuestras cabezas.

Hay varias aplicaciones en el mercado, algunas de ellas gratis que pueden servir para localizar a los cinco planetas. Además, la mayoría ofrecen información extra, como la hora a la que serán visibles cada día desde el lugar en donde te encuentras.

Algunas de las más conocidas son Star Walk, Stellarium, SkyView y Planets. En todas ellas se puede ver el mapa de las constelaciones apuntando en cualquier dirección con un teléfono inteligente o una tableta. La aplicación de la NASA es también una buena fuente de información y contiene datos sobre eventos.

Otras luces en el cielo

Estrellas y planetas no son los únicos habitantes del cielo nocturno. Otras luces pueden llegar a despistarnos en mitad de una observación astronómica. Un ejemplo son los satélites artificiales. Durante un rato después de la puesta de sol, y antes de que vuelva a salir, podemos ver puntos luminosos que se mueven a una velocidad constante y que, de repente, dejan de brillar. Mucho más fácil será diferenciar aviones. Aunque de noche vuelan menos, los que lo hacen van a gran altitud ya que suelen hacer recorridos de largo radio entre distintas partes del mundo.

CAPÍTULO V

EJERCICIOS BÁSICOS DE ASTRONOMÍA PARA NOVATOS.

En esta guía para principiantes de Astronomía cubrimos todo, desde los mejores lugares para observar las estrellas hasta equipos esenciales para principiantes. ¡También aprenderás sobre las constelaciones, cómo encontrar planetas y galaxias!

Astronomía para principiantes
Si estás interesado en entrar en astronomía, estás participando en una de las tradiciones humanas más antiguas. Las representaciones del cosmos se remontan a la historia humana, y casi con certeza a la prehistoria.

La gente, desde los griegos hasta los chinos y los mayas, miraba hacia el cielo nocturno y derivaba formas de significado de él. Este anhelo hacia las estrellas ha tomado muchos caminos diferentes, desde lo místico hasta lo científico, desde historias de creación hasta aterrizajes en la luna. Los pueblos han organizado sus calendarios, sus historias fundamentales, sus rituales en las imágenes que observaron en el cielo.

¿Alguna vez has visto el tapiz de Bayeux? Hay un cometa marrón rojizo (en realidad, probablemente habría aparecido blanco), una de las primeras referencias históricas a lo que se conoció como el cometa Halley. Los normandos vieron el cometa como una sanción divina de su invasión a través del Canal en 1066, y una mala señal para el rey inglés.

Lejos, muy lejos, más o menos al mismo tiempo (e incluso antes), los mayas estaban organizando su calendario cíclico, todo basado en lo que observaron en el cielo.

Estudiar astronomía es una forma de estudiar historia.

No sólo eso, sino que cuando miras hacia arriba, literalmente estás viajando en el tiempo. La luz es rápida, pero no instantánea. La luz viaja a aproximadamente 671 millones de millas por hora, o 1,080 millones de kilómetros por hora.

De hecho, algunas de las estrellas que puedes ver a través de telescopios sofisticados están a millones de años luz de distancia de nosotros, así que cuando las ves, las estás viendo como lo fueron hace millones de años y algunas de las estrellas en nuestro cielo nocturno que ves a través de tu telescopio ahora están muertas, pero la luz que emitieron hace milenios todavía viaja a través del espacio.

El interés por la astronomía es muy natural, pero también puede parecer algo inaccesible.

- ¿Qué pasa si no sé demasiado sobre ciencia?
- ¿Qué pasa si no puedo pagar un telescopio?
- ¿Qué pasa si vivo en una ciudad con mucha contaminación lumínica?

Ninguna de estas cosas debería impedirte disfrutar de nuestras estrellas y aprender sobre el universo que nos rodea.

Este es un pasatiempo que no sólo puede enseñarte sobre el universo que nos rodea sino también sobre nosotros. La astronomía es un símbolo de la curiosidad humana y nuestro deseo de entender. Como parte del examen de las estrellas, nos examinamos e intentamos descubrir un poco más sobre lo que es ser humano. ¿Qué nos impulsa? ¿Qué motiva nuestras acciones? Usamos las estrellas para basar historias que contamos y como símbolos de nuestros objetivos. La astronomía es una forma de sumergirse en esa antigua tradición de investigación tanto interna como externa. Esta guía de Astronomía para principiantes explicará cómo comenzar. Cubriremos cuestiones prácticas como equipos básicos y ubicaciones potenciales para observar las estrellas. Pero primero, he aquí por qué este pasatiempo humano histórico es tan sorprendente:

Ver el cielo nocturno no contaminado por primera vez es mágico

Impresionante e inolvidable. La primera vez que puedes ver el cielo, las estrellas, la Vía Láctea, sin contaminación lumínica es una experiencia inigualable.

Entonces, ¿cómo puedes salir a ver el cielo nocturno en toda su gloria? Aquí hay algunos consejos para comenzar su pasatiempo de observación de estrellas.

Guía para principiantes para comenzar con la astronomía

Mira el cielo

Sí eso suena simple, lo es. Y es la parte más importante de todo esto. Simplemente tener una naturaleza curiosa puede ser el aspecto más vital. Un anhelo de belleza, de misterio que te impulsa a buscar cosas nuevas.

No es necesario que salgas a comprar un montón de artilugios caros y elegantes. Tus ojos son suficientes para comenzar.

Encuentra un lugar en lo alto, donde el aire sea más delgado e interfiera menos con la luz de las estrellas. Además, intenta mirar la luna, que permanece visible independientemente de la contaminación lumínica ambiental. Incluso, si se encuentra en un lugar con mucha luz, la luna y sus ciclos son un lugar perfecto para comenzar y aprender sobre los patrones del cielo.

Busca un lugar con menos contaminación lumínica

La mayoría de las personas ahora viven en las ciudades o sus alrededores, donde las luces se encienden toda la noche. Si ya te gusta acampar o ir de excursión, intenta integrar la observación de estrellas en eso. Si no es así, ¡intenta entrar al campamento! Los dos van muy bien juntos. Cuanto más te alejes de las ciudades y pueblos, más brillantes serán las estrellas para ti. Dejar las luces atrás abrirá el cielo a tus ojos. En realidad, no tienes que estar tan lejos de la luz más cercana para ver el cielo nocturno. Simplemente encontrar un lugar a veinte o treinta millas de la ciudad más cercana será suficiente. Una búsqueda rápida en Internet debería mostrar parques locales, estatales y nacionales cerca de ti. Esa será su mejor apuesta para encontrar un lugar agradable y oscuro desde el cual ver las estrellas.

Mira la luna

Aprende las fases de la luna y cómo se relacionan con las mareas. Aprende sobre los eclipses. Incluso aprende sobre la luna dentro. Para empezar, la luna es un punto fantástico porque puedes verla independientemente de la contaminación lumínica.

No sólo eso, sino que hay muchos detalles y matices para aprender sobre el único satélite natural de la Tierra. Entonces, mientras lo observas, aprende cómo se formó, por qué está cráter, por qué solo vemos un lado.

Además, la luna es ideal para entrar en astronomía porque no necesitas absolutamente ningún equipo para verla. Todo lo que necesitas es acceder al cielo nocturno, que es bastante universal. ¡Así que comienza tus experiencias astronómicas mirando la luna!

Observar el sol (con protección)

Obviamente, no mires directamente al sol porque dañará tus ojos, pero aprende sus patrones. Aprende los solsticios y equinoccios. Además, aprende cómo y por qué sale el sol y se pone en diferentes lugares en el horizonte durante diferentes épocas del año. Aprende por qué el sol no se pone durante el verano del norte de Alaska, y por qué no sale durante el invierno del norte de Alaska. Al igual que la luna, el sol es un gran punto de partida para la astronomía porque no es necesario gastar dinero para entrar en ella. Pero, una vez más, ¡no se olvide de proteger sus ojos con anteojos que se pueden equipar con filtros adecuados para la visión solar! Una vez que haya aprendido sobre nuestra estrella local, ahora debe pasar a las más distantes.

Obtén un mapa estelar

Simplemente uno sencillo está bien, algo que marque las constelaciones. Por lo general, puede ver hasta 50 desde un lugar determinado a simple vista en una noche despejada. Con un par de binoculares, puedes agregar algunos cientos de cúmulos estelares. Hay toneladas de mapas gratuitos que también puedes encontrar con sólo una búsqueda rápida en Google.

Eso debería ser más que suficiente para enseñarte los conceptos básicos de este pasatiempo.
Sólo una vez que tengas una idea sólida de lo que haces y no quieres o no te gusta en un mapa estelar, ¿realmente deberías gastar dinero en uno?

Quizás lo mejor es tratar de encontrar un amigo con el mismo pasatiempo y preguntar si puedes usar su mapa. Sería genial obtener experiencia en el mapa estelar de alguien que ya conoce los entresijos de ellos.

Te presentamos algunas de las constelaciones abajo. Aquí es donde comienza una de las partes realmente geniales.

Aprende historias de constelaciones
Muchas de las constelaciones que han sido nombradas durante milenios tienen historias antiguas asociadas con ellas. Está Orión el Cazador, que en la mitología griega antigua trató de matar a un escorpión, pero falló y huyó al mar.

Allí se pensó a salvo del escorpión, que los dioses habían enviado para matarlo. Pero entonces Artemisa, engañada por su hermano Apolo, disparó una flecha a través de Orión, su amiga. Aunque no pudo ser devuelto a la vida, ella colgó su imagen en el cielo como una burla eterna para su familia, los dioses, del hombre que habían asesinado.

También está Andrómeda, supuestamente una princesa etíope tan hermosa que consideró adecuado insultar a las ninfas divinas. Enfurecido, Zeus envió un monstruo para devastar la costa etíope. Para apaciguar a los dioses, los reyes ordenaron que encadenaran a Andrómeda a una roca en la orilla para que el monstruo la matara y dejara a su nación en paz. Sin embargo, el famoso héroe griego Perseo mató a la bestia, salvando a la princesa. Y ahora su constelación permanece en las estrellas para siempre.

Estas historias continúan para siempre, y muchas culturas diferentes las tienen. Así que usa tu nuevo interés en el cielo nocturno para aprender historias históricas sobre personas que contaron historias de las estrellas.

Las constelaciones, e incluso las estrellas individuales tienen estas historias, que varían según las culturas y los tiempos. Estas historias involucran a las estrellas, pero no son realmente sobre las estrellas. Más bien, estas historias usan las estrellas como un medio para hablar sobre las personas, sobre la naturaleza humana.

La tragedia de Orión cuenta la codicia y los celos de Apolo y el afecto eterno de Artemisa. Los cuentos de Andrómeda se pueden leer de muchas maneras diferentes, desde advertencias sobre desobediencia hasta honrar el valor del amor, pero otros también cuentan historias como esta. Las historias asociadas con las estrellas pueden ser, de hecho, su mayor calidad.

Sin historias como estas, las estrellas serían simplemente puntos de luz que podemos ver cuando nuestra estrella local cae por debajo del horizonte. Estas historias nos dan un contexto cultural para estudiar y aprender e incluso agregar a medida que creamos nuestros propios cuentos. Durante más tiempo del que la gente ha registrado sus historias por escrito, han mirado el cielo nocturno y han agregado historias a los puntos de luz que vieron. Estas historias iluminaron lo que vieron, pensaron y sintieron en sus vidas, sobre lo que significaba ser humano.

Lugares de observación de estrellas
Ya hemos discutido algunas de las reglas generales para encontrar buenos lugares para observar el cielo nocturno sobre ti. Aquí hay algunas pautas generales para encontrar ubicaciones óptimas para observar las estrellas:

1. Manténgase alejado de las fuentes de luz. Si es posible, veinte millas más o menos del pueblo o ciudad más cercana es una regla general sólida.

2. No olvides considerar dónde está el horizonte. Un cielo nocturno maravilloso visto a través del dosel de la selva tropical es menos que impresionante, así que trate de encontrar un lugar con un horizonte amplio y abierto.

3. La alta elevación te ayudará. La alta elevación no sólo lo aleja de las fuentes de luz, sino que también reduce la interferencia de la atmósfera en lo alto. Si no puedes alejarte de las fuentes de luz artificial, eso sería bastante triste, pero si simplemente llegas a la cima de un edificio alto, las estrellas deberían aparecer más claras y vívidas para tus ojos. Como mínimo, debería poder detectar algunas constelaciones importantes.

¿Pero qué hay de ubicaciones más especiales?¿Lugares donde la gente va a ver las estrellas como un retiro especial?

La Asociación Internacional del Cielo Oscuro es un recurso excelente para encontrar condiciones óptimas de observación de estrellas con una contaminación lumínica mínima.

En 2017, Estados Unidos ganó recientemente su primera Reserva de Cielo Oscuro designada en las montañas Sawtooth del centro de Idaho.

Si vives cerca, excelente, y si no lo haces, es hora de comenzar a planificar un viaje por carretera. ¿Dónde más están estas reservas especiales de cielo oscuro?

- Mont-Mégantic (Québec)

- Parque Nacional de Exmoor y reserva de Moore (Inglaterra)
- Parque Nacional Brecon Beacons y Parque Nacional Snowdonia (Gales)
- Kerry (Irlanda)
- Pic du Midi (Francia)
- Rhön y Westhavelland (Alemania)
- Aoraki Mackenzie (Nueva Zelanda)
- Reserva Natural NambiRand (Namibia)

Muchos de nosotros no vivimos cerca de un IDA Dark Sky Reserve certificado, pero no te preocupes; También hay lugares para ti.

Por un lado, hay docenas de Parques de Cielo Oscuro designados, por lo que las probabilidades son mejores de que haya uno cerca de ti.

Algunos de los lugares mencionados a continuación pertenecen a esta categoría. Puedes buscar fácilmente en el sitio web de IDA para identificar posibles ubicaciones de observación de estrellas, desde parques y reservas hasta comunidades (ciudades y pueblos) que hacen un esfuerzo por evitar la contaminación lumínica.

Equipo de astronomía para principiantes

Antes de profundizar en el equipo, puede ser útil para observar las estrellas, solo una recomendación: No necesitas comprar nada para que esto sea agradable. Tus ojos importan más que cualquier dispositivo elegante aquí. Ya hemos revisado algunos mapas útiles para los observadores de estrellas, así como aplicaciones como Starwalk, Google Sky Map y Exoplanet, para informarle sobre sus observaciones.

Pero a partir de ahí, ¿por dónde empezar? Puedes encontrar e imprimir mapas de estrellas de papel más básicos desde Internet. Estos, a menudo, son totalmente gratuitos e incluirán al menos las principales constelaciones y fases lunares. Antes de gastar dinero en un mapa estelar o una aplicación elegante, comience con uno de estos básicos. Los sitios web como skymaps.com ofrecen mapas básicos gratuitos y también venden mapas más detallados. Puedes elegir entre muchas de estas fuentes de mapas, así que realiza algunas búsquedas y encuentra una que funcione para ti. Una vez que descubras lo que hace y lo que no te gusta, entonces tal vez consideres comprar uno de los más detallados. También debes considerar un planisferio. Esto es más sofisticado que un mapa estelar de papel y consiste en un diagrama de estrellas circular que gira en un disco más grande que muestra las semanas y meses del año alrededor de su circunferencia. Luego, puedes leer qué estrellas son visibles en cualquier momento y fecha. A continuación, algunos equipos que pueden serle muy útiles:

- Linterna frontal roja
- Binoculares o telescopio
- Silla y mesa plegables
- Artículos diversos

Proyectores de Luz Roja

Hay toneladas de proyectores de lentes rojos en el mercado, desde baratos hasta increíblemente caros. El super recomendado es el Black Diamond Storm, pequeño, ligero, pero con buena duración de batería e iluminación. También ha demostrado ser muy duradero para muchos amantes de la astronomía (y aficionados).

Pero hay muchos otros proyectores disponibles, algunos de los mejores fabricados por Black Diamond o Petzal. Lo que sea que obtenga, asegúrate que tenga una configuración roja. Si enciende una luz blanca por la noche, adiós visión nocturna.

Después de eso, ¡solo verás pequeñas manchas blancas y azules y tropezarás durante los próximos minutos! Una luz roja te permite ver sin interrumpir o reajustar tu visión. Entonces, cuando apagues la luz después de encontrar un refrigerio, podrás mirar directamente a las estrellas. Su característica más importante aquí es la lente roja, luego el peso y la duración de la batería. Además, el clima frío agota las baterías rápidamente, así que asegúrate de mantener repuestos, preferiblemente almacenados en algún lugar donde su temperatura se mantenga estable.

Binoculares y Telescopios

Otra pieza útil del kit es un conjunto de binoculares o un telescopio. Estos, como las luces, pueden variar de baratos a más caros que un automóvil. No agonice sobre el modelo, sólo elije un conjunto con buena ampliación y vidrio transparente. La claridad del vidrio es mucho más importante que la ampliación, ya que el vidrio de mala calidad distorsionará una imagen e incluso puede causarle dolor de cabeza.

Como regla general, los binoculares son mucho más portátiles, pero ofrecen una ampliación y claridad mucho más reducida. Un telescopio puede ser difícil de transportar, pero es un excelente equipo para la observación del cielo. Por lo general, recomendaría que comience con un par de binoculares, ya que son útiles para mucho más que sólo mirar las estrellas, mientras que un telescopio es esencialmente un pony de un solo truco.

Compre calidad, pero básico para comenzar. Y recuerda, no necesitas esas cosas para la observación de estrellas más informal. Tus ojos son con lo que quieres comenzar. Así que sólo invierte en ese equipo una vez que sepas con certeza que este pasatiempo es para ti.

Sillas plegables y una mesa

Mirar las estrellas es genial. Ponerse de pie durante horas mientras estira el cuello ... no tanto. Una buena silla plegable es una inversión inteligente para un observador de estrellas. Pruebe algo que se incline un poco hacia atrás para poder mirar hacia arriba sin lastimarse el cuello.

La mayoría de las sillas de campamento corrientes como las que se venden en cadenas regulares se adaptarán a sus necesidades. De nuevo, no rompas el banco aquí; sólo obtenga una silla sólida y confiable para que pueda observar sin dolor de cuello.

Para acompañar esto, una pequeña mesa plegable también funciona para sostener cualquier equipo que tengas. Honestamente, una buena fuente para una mesa como esa puede ser una venta de garaje o una tienda de segunda mano, así que mira a tu alrededor y observa si no puedes encontrar una que se ajuste a tus necesidades.

Es importante que mantengas las cosas livianas y compactas, especialmente si eliges ir lejos en el campo. Si eres de los que mira las estrellas mientras viajas con mochila durante días (o semanas) en el desierto, no recomendaría llevar ningún equipo especial. El peso es terrible para transportar millas.

Si el peso es una gran preocupación para ti, como lo es para cualquiera, entonces la única pieza del kit que realmente necesitas es una luz de lente roja. Deberías poder improvisar un asiento en el campo.

Artículos Varios
Los binoculares y los telescopios son maravillosos, pero consérvalos para los momentos en que no tengas que cargarlos por millas.

Otros

Finalmente, hay algunos artículos misceláneos para que tú consideres empacar para mejorar toda la experiencia. Un cargador de energía portátil a menudo es útil; trae comida, mirar las estrellas con algo de hambruna es horrible. Trae agua, lo que menos debe faltar en tu viaje es el preciado líquido. Trae capas adicionales, como calcetines, guantes, incluso una manta. Para no tener padecer más frío de la cuenta durante la noche de estrellas. Una bebida caliente es ideal para apaciguar las bajas temperaturas de la fría noche.

El recomendado es el té de menta caliente sin cafeína. Porque, como quiera que pase una noche, una bebida caliente siempre lo mejorará. Estos pequeños elementos de morral te ayudarán a mantener tu estado de ánimo, lo que te permitirá concentrarte en el cielo. Sería terrible perderse la aurora boreal porque estabas helado y hambriento toda la noche. De todos los equipos para observar las estrellas, este material puede ser el más importante, pero también el más ignorado. Es fácil fijarse en todos los dispositivos elegantes del mercado, pero la comida, el agua y la ropa adecuada realmente te mantendrán contento, así que asegúrate de llevar esas cosas antes que el equipo costoso. Hay muchos equipos relacionados con la astronomía, pero en realidad no se necesita mucho como principiante, ni siquiera como astrónomo intermedio. El equipo puede ayudarlo a escanear los cielos, pero está lejos de ser el factor decisivo aquí. Su ubicación es mucho más importante que cualquier pieza de vidrio caro. Encontrar un lugar alto sin contaminación lumínica hará más para mejorar su experiencia de observación de estrellas que un telescopio.

Cosas geniales para hacer como un astrónomo en ciernes

Así que ahora has empezado en astronomía: has adquirido algunos equipos básicos, has probado la observación de estrellas en algunos lugares, y puedes leer un mapa estelar e identificar más constelaciones que la persona promedio. ¿Ahora qué sigue? ¿Qué más puedes hacer con tu nuevo y emocionante pasatiempo?

Para algunos de nosotros, relajarse en la naturaleza con binoculares y una taza de café caliente es suficiente en sí mismo. Pero también hay infinitas formas de explorar más el universo y participar en la comunidad más amplia de observación de estrellas.

También hay algunos objetivos específicos de observación de estrellas que pueden proporcionar un propósito y una estructura a medida que aprende más sobre astronomía. Hay mucho que ver, así que pruebe una o más de estas actividades:

Encuentra la Estación Espacial internacional

La Estación Espacial Internacional es visible de vez en cuando, y la NASA tiene un sitio web oficial estrictamente dedicado a ayudar a aquellos que quieran verlo. El sitio web le brinda una gran cantidad de datos sobre cuándo y dónde la ISS (su sigla en inglés) es visible desde su ubicación. Mejor aún, puedes verlo a simple vista, por lo que no necesitas ningún equipo costoso o elegante para este. Encontrar la ISS es un muy buen proyecto de "astronomía para principiantes" porque es muy simple y la NASA lo hace aún más fácil.

Encuentra la Vía Láctea

Esto puede llegar a ser poco o demasiado fácil, dependiendo de su ubicación y clima. Obtener una visión clara de la Vía Láctea a menudo depende simplemente del nivel de contaminación lumínica a su alrededor.

Si vives en una ciudad y nunca la dejas, la mayor parte de la Vía Láctea que probablemente verás es una pequeña mancha de nube en el cielo. Pero si te alejas de toda esa contaminación lumínica, la vista es impresionante. Ver la Vía Láctea es una de las experiencias más hermosas, sólo realmente rivaliza al ver la Aurora Boreal.

Al igual que con la ISS, ver la Vía Láctea es un buen proyecto para comenzar, ya que no necesita equipo para ello. Este también es un gran viaje de fin de semana; puedes salir de la ciudad en un viaje de campamento y simplemente mirar hacia arriba desde afuera de tu tienda para ver la Vía Láctea. Se adapta perfectamente a otras actividades al aire libre, por lo que una tienda es un excelente artículo para probar en su próximo viaje de mochilero.

Aprende a fotografiar estrellas y la Vía Láctea

Si eres nuevo en fotografía, necesitarás investigar un poco para seleccionar una cámara y usarla en todo su potencial. Incluso si ya es un fotógrafo experimentado, tener al menos algo de conocimiento de astronomía es útil cuando desea comenzar a tomar estrellas fugaces.

Por ejemplo, si quieres fotografiar la Vía Láctea, ¡el primer paso es encontrar la Vía Láctea! La fotografía implica un conjunto completamente diferente de equipos y habilidades, pero es un excelente complemento para observar las estrellas. Te brinda otra forma de apreciar la belleza y la maravilla del cielo. Una vez que tengas los conceptos básicos para mirar las estrellas, ¡considera probar la fotografía de estrellas! Obtendrás recordatorios tangibles de las escenas que has presenciado y podrás colgar tus propias fotos en la casa. Si está planeando un gran viaje para ver la aurora boreal, es posible que desee repasar sus habilidades fotográficas para poder capturar algunas fotos impresionantes de vacaciones. Dicho esto, recuerda bajar la cámara (a veces) y sencillamente disfruta el momento.

Una vez más la recomendación de oro es reunirse con personas de ideas afines, lo que aumentará cuánto aprendes al mirar hacia el cielo nocturno. Sumado a ello, tienes la oportunidad de interactuar con otras personas lo que te dará más diversión y entretenimiento.

La astronomía, cuando se hace correctamente, se vincula a un montón de otras actividades. Vaya de excursión, incluso con mochila, y mire hacia arriba todas las noches. Realmente nunca envejece ver la increíble belleza de las estrellas y los planetas sobre ti.

¿Recuerdas las historias que la gente siempre ha asociado con las estrellas a lo largo de la historia de la humanidad? Puedes aprender esas historias y luego enseñarlas a otros. Mejor aún, a medida que pasa tiempo en el campo, tendrá la oportunidad de inventar sus propias historias.

A muchos les encanta compartir sus experiencias mirando el cielo, en especial cuando se trata de la Vía Láctea. Cuentos maravillosos como ese pueden definir su experiencia de observación de estrellas, ya que al final, se trata de mucho más que simplemente ver puntos de luz sobre su cabeza.

La astronomía no es un pasatiempo difícil de comenzar, y con un equipo o costo mínimo, simplemente puedes mirar hacia arriba y disfrutar de la belleza que lo rodea. Con el tiempo, la observación de estrellas y las historias que le adjuntas se convertirán en parte de lo que significa ser tú.

Una guía para principiantes de telescopios

Ver el cielo a través de un telescopio es una aventura impresionante que te dejará recuerdos para toda la vida. Por lo regular la NASA anuncia cuando es el momento en que habrá un eclipse lunar total, también conocido como Super Blood Moon, que es visible para la mayoría de América del Norte y del Sur. Pero antes de que puedas tener esa experiencia, debes hacer algo más realista: comprar un telescopio.

Elegir tu primer telescopio puede ser una tarea tediosa. Con tantos fabricantes y diseños disponibles, ¿Cómo sabe qué telescopio es el adecuado para ti? Veamos los factores clave que debes tener en cuenta al momento de hacer una elección.

Hay cuatro preguntas básicas que debes responder antes de elegir tu alcance.

1. ¿Dónde estaré viendo?
En una ciudad o en pueblos más grandes, hay muchas luces de calles y edificios. Estas luces emiten un resplandor que provoca una cúpula de luz. Esta cúpula de luz afecta lo que ves en la noche al emitir una bruma brillante que bloquea las estrellas, galaxias y nebulosas más débiles. Los habitantes de la ciudad están limitados en su mayoría a la observación de estrellas solares, lunares, planetarias, dobles y algunos de los objetos más brillantes del cielo profundo. Un telescopio con una apertura de 3.0 “a 8” debería ser adecuado para ellos.

En cada país, acorde a la ubicación que decidas para ver el espectáculo, recuerda que no debe estar limitado por la contaminación lumínica, por lo que todos los telescopios funcionarán bien. Los alcances de mayor apertura, 8” y mayores, le brindarán vistas increíbles de nebulosas, galaxias y cúmulos estelares.

2. ¿Qué objetos quiero ver?
La astronomía es un amplio pasatiempo con muchos campos de interés. Los astrónomos aficionados pueden ayudar en la investigación de estudios solares, lunares, planetarios y de estrellas variables. Los aficionados también pueden realizar búsquedas de nova, supernova, cometa y planetas menores. O bien, puede hacerlo solo por la diversión y el amor de ver e imaginar los cielos. Adapte su compra de telescopio a su interés.

3. ¿Cuál es mi presupuesto?
El precio del telescopio puede variar de $ 99 para un pequeño refractor a más de $ 20,000 para un gran telescopio catadióptrico de 16 ". Compre lo que pueda pagar o ahorre y consígalo más tarde.

4. ¿Cuánto estoy dispuesto a cargar?
El tamaño y el peso del telescopio que está dispuesto a transportar es probablemente el mayor problema que uno debe considerar. Los telescopios pueden variar desde alrededor de 15 libras a más de 300 lbs. La mayoría se puede dividir en 3 subsecciones para el transporte: el conjunto del tubo óptico, el soporte del telescopio y el trípode o base. Recuerda, si el alcance es demasiado pesado, ¡no puedes usarlo en absoluto!

El telescopio astronómico

Apertura:
La apertura del telescopio es su corazón. El diámetro de la apertura determina la capacidad de recolección de luz del telescopio. Cuando aumenta el tamaño de la apertura de 4" a 8", aumenta el poder de resolución en un factor de dos y el poder de recolección de luz en un factor de cuatro. Ejemplo; un telescopio de 4" a 120x solo mostrará M13 (cúmulo estelar) como un punto borroso, pero cuando se ve con un 8" usando el mismo aumento, M13 se resuelve en su núcleo mostrando cientos de estrellas. Los telescopios de mayor apertura son mejores cuando se ven buenas condiciones

para mostrar detalles finos en planetas, Luna y objetos de cielo profundo.

Diseño óptico del telescopio

Hay 3 diseños principales utilizados en astronomía:

1. Refractor
El telescopio refractor tiene un buen diseño robusto y en su mayoría no requiere mantenimiento. Pueden constar de dos, tres o cuatro elementos de lente de vidrio que doblan la luz hasta que se enfoca en el extremo más alejado del tubo. Sus sistemas de tubo cerrado protegen la óptica del polvo y las corrientes de aire. Los refractores de mayor calidad de TeleVue, Meade, Skywatcher y Vixen ofrecen hermosas vistas con imágenes de estrellas precisas. Los refractores son excelentes para ver imágenes de estrellas dobles, planetas, lunares, solares, cometas y los objetos más brillantes del cielo profundo.

Ventajas:

- Identificar imágenes de estrellas sin obstrucción central
- Corrección de color real en las versiones de dos, tres y cuatro elementos del extremo superior
- Excelente para imágenes astronómicas
- Sellado del polvo y la suciedad

Desventajas:

- Aberración cromática en los telescopios de dos elementos del extremo inferior
- Alto costo en instrumentos de más de 5" debido al uso de gafas exóticas

2. Reflector
El telescopio reflector tiene un diseño muy simple, utiliza dos espejos para dirigir la luz entrante al ocular. Son muy rentables por tamaño de apertura en comparación con otros telescopios. Los reflectores son buenos para cielo profundo, planetario, Luna y

astro imágenes. Ejemplos son de Meade o Sky Watcher.

Ventajas:

- Bajo costo
- Excelente corrección de color
- Libre de aberración cromática

Desventajas:

- Tubo abierto, polvo y suciedad pueden acumularse en los espejos
- Corrientes de aire
- Obstrucción central
- Tamaño de tubo muy largo en distancias focales más altas
- Espejos desalineados
- Colimación de la óptica.

3. Catadioptric
Los telescopios catadióptricos tienen tubos cerrados. Esto mantiene el sistema óptico limpio de polvo y suciedad. Las corrientes de aire también se mantienen al mínimo en este diseño y estos telescopios son muy portátiles. El sistema óptico es una combinación de espejos más un sistema de lentes, lo que resulta en un conjunto de tubo óptico compacto. Los sistemas de telescopio de 5"a 16" están disponibles en Celestron y Meade Corporation.

Los telescopios catadióptricos son buenos para todo tipo de visualización astronómica e imágenes.

Ventajas:

- Tubo cerrado
- Diseño compacto y portátil
- Libre de aberración cromática

Desventajas:

- Obstrucción central

- Largo tiempo de enfriamiento

Aumento:
El aumento (o potencia) de un telescopio es variable y depende de los oculares que se estén usando. La potencia se calcula dividiendo la distancia focal del objetivo primario (apertura) del telescopio por la longitud focal del ocular que se utiliza. Ejemplo; un Celestron 8" f / 10 SCT tiene una longitud focal de 2032 mm dividido por un ocular de 10 mm con una potencia de 203x.

Monturas
Existen varios tipos de sistemas de montaje que usan los telescopios y con los que se pueden comprar, algunos son:
Monte Altacimutal:
Una montura simple que se mueve hacia arriba y hacia abajo en altitud y hacia la izquierda y hacia la derecha en acimut. Estas monturas son más ligeras que las ecuatoriales y son muy fáciles de usar. Dobsonian es un ejemplo de este monte Altazimuth y también lo es el monte Meade.

Montura Ecuatorial:
Permite que el telescopio se mueva en el eje celeste norte-sur y en el eje este-oeste. Si la montura está correctamente alineada con el eje polar, puede rastrear objetos celestes a través del cielo. Muchos de los montajes ecuatoriales modernos vienen con motores y sistemas informáticos GoTo. Algunos ejemplos son el soporte Celestron VX y el soporte Ioptron GoTo.

Antes de comprar un telescopio, te recomendamos asistir a una reunión local del club de astronomía; son una muy buena fuente de información, y los miembros te permitirán ver a través de sus telescopios. Asiste a eventos locales de astronomía y fiestas estelares: ¡a los astrónomos aficionados les encanta mostrar el cielo al público! Sal y contempla la belleza del cielo nocturno.

CONCLUSIÓN

En conclusión, la astronomía es la ciencia que se ocupa del estudio de los cuerpos celestes del universo, incluidos los planetas y sus satélites, los cometas y meteoroides, las estrellas y la materia interestelar, los sistemas de materia oscura, gas y polvo llamados galaxias y los cúmulos de galaxias; por lo que estudia sus movimientos y los fenómenos ligados a ellos.

La astronomía también abarca el estudio de la formación y el desarrollo del Universo en su conjunto mediante la cosmología, y se relaciona con la física mediante la astrofísica, la química mediante la astroquímica y la biología con la astrobiología.

Su registro y la investigación de su origen viene a partir de la información que llega de ellos a través de la radiación electromagnética o de cualquier otro medio. La mayoría de la información usada por los astrónomos es recogida por la observación remota, aunque se ha conseguido reproducir, en algunos casos, en laboratorio, la ejecución de fenómenos celestes, como, por ejemplo, la química molecular del medio interestelar.

Es una de las pocas ciencias en las que los aficionados aún pueden desempeñar un papel activo, especialmente en el descubrimiento y seguimiento de fenómenos como curvas de luz de estrellas variables, descubrimiento de asteroides y cometas, etc.

La astronomía ha estado ligada al ser humano desde la antigüedad y todas las civilizaciones han tenido contacto con esta ciencia. Personajes como Aristóteles, Tales de Mileto, Anaxágoras, Aristarco de Samos, Hiparco de Nicea, Claudio Ptolomeo, Hipatia de Alejandría, Nicolás Copérnico, Tycho Brahe, Johannes Kepler, Galileo Galilei, Christiaan Huygens o Edmund Halley han sido algunos de sus cultivadores.

La metodología científica de este campo empezó a desarrollarse a mediados del siglo XVII. Un factor clave fue la introducción del telescopio por Galileo Galilei, que permitió examinar el cielo de la noche más detalladamente. El tratamiento matemático de la Astronomía comenzó con el desarrollo de la mecánica celeste y con las leyes de gravitación por Isaac Newton, aunque ya había sido puesto en marcha por el trabajo anterior de astrónomos como Johannes Kepler. Hacia el siglo XIX, la Astronomía se había desarrollado como una ciencia formal, con la introducción de instrumentos tales como el espectroscopio y la fotografía, que permitieron la continua mejora de telescopios y la creación de observatorios profesionales.

Made in United States
Orlando, FL
30 December 2024

56675860R00033